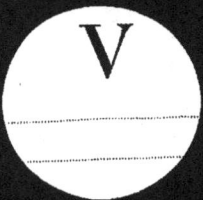

SUPPLÉMENT

À

TOUTES LES GÉOMÉTRIES.

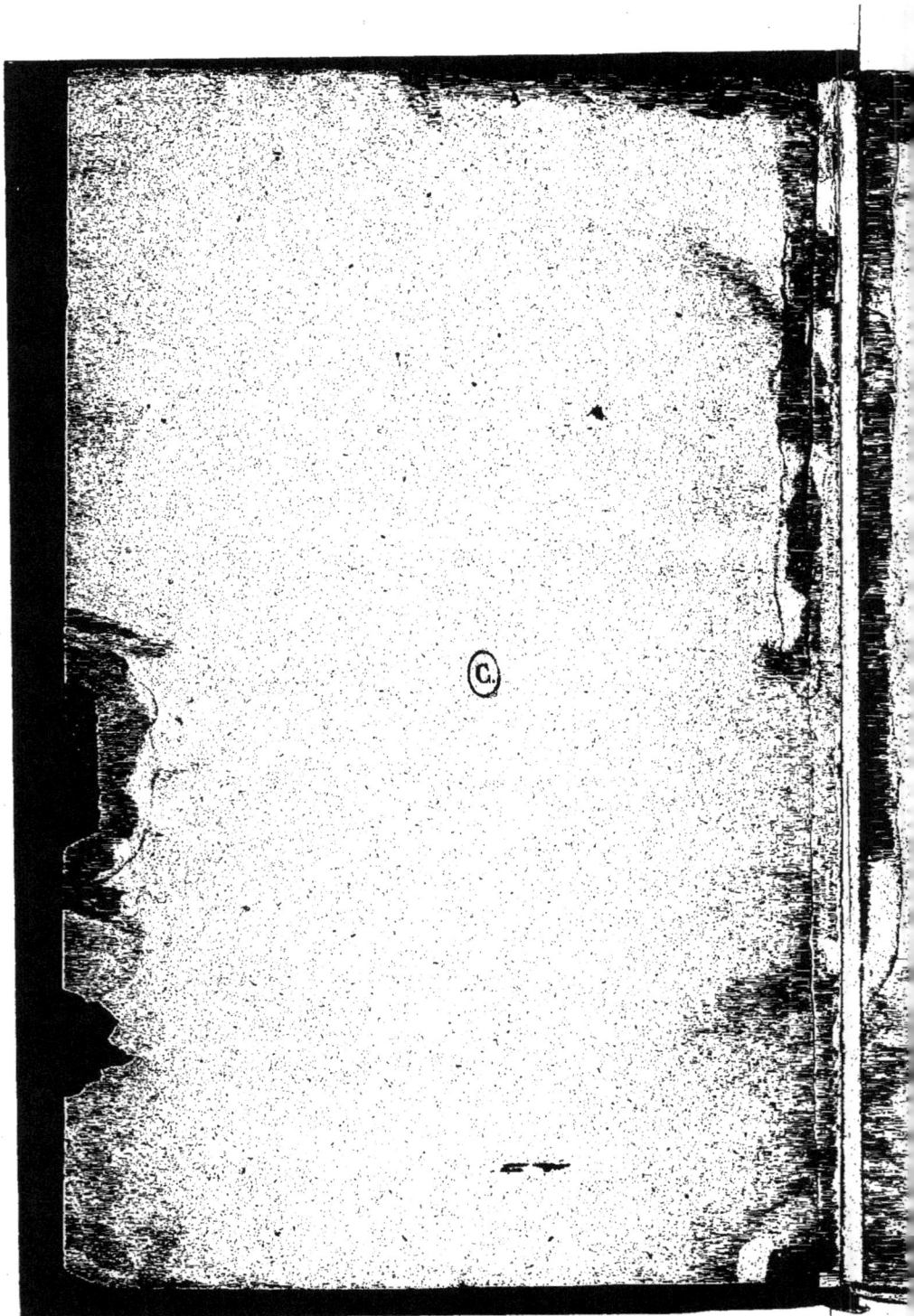

C.

SUPPLÉMENT

À

TOUTES LES GÉOMÉTRIES

PAR

Victor DOBELLY

Professeur de Mathématiques chez M. Laure, chef d'institution à Mazamet.

CASTRES

Imprimerie V.-J. ABEILHOU, rue Tourcaudière, N° 7.

1860.

1861

GÉNÉRATION ET PROPRIÉTÉ

DE

LA SURFACE PLANE.

DÉFINITIONS.

Une ligne fermée ou continue est celle dont les deux extrémités se sont réunies. Ainsi la figure 1 est une ligne fermée.

Un triangle est une ligne fermée composée de trois lignes droites. La figure 2 est un triangle.

Les points A, B, C où deux de ces droites se joignent sont les sommets du triangle, et les lignes AB, AC, BC elles-mêmes en sont les côtés ou les bases.

On appelle triangle équilatéral, celui qui a ses trois côtés égaux ; isocèle, celui dont deux côtés seulement sont égaux, et scalène, celui dont les trois côtés sont inégaux.

Dans le triangle isocèle, nous entendrons particulièrement sous la dénomination de base, le côté non égal à chacun des deux autres ; et sous la dénomination de sommet, nous entendrons le sommet opposé à ce côté non égal à chacun des deux autres.

On appelle génératrice d'une surface, la ligne qui mue d'une certaine manière engendrerait cette surface. Par exemple, si on imagine qu'une surface ait été engendrée par une droite tournant autour du point fixe F, et assujettie dans son mouvement à raser constamment la droite AB, toute droite FG passant par le point F et par un point de la droite AB, sera dite une génératrice de cette surface, parce que cette droite mue de la même manière engendrerait cette surface.

PROPOSITION I.

Lorsque deux lignes brisées ont leurs extrémités communes et sont composées chacune de deux lignes droites, si le prolongement de l'une de ces droites rencontre l'autre ligne brisée, cette dernière ligne brisée sera plus grande que la première.

Soit les deux lignes brisées BAC, BOC qui ont leurs extrémités communes et sont composées chacune de deux lignes droites. Supposons que le prolongement BO rencontre la ligne brisée BAC en D, je dis que la ligne brisée BAC est plus grande que BOC. En effet, dans le triangle ODC, on a $OC < OD + DC$; ajoutant de part et d'autre BO, on aura $BO + OC < BO + OD + DC$ ou, ce qui revient au même, $BO + OC < BD + DC$. Pareillement, dans le triangle BAD, on a $BD < BA + AD$; ajoutant de part et d'autre DC, on aura $BD + DC < BA + AD + DC$ ou $BD + DC < BA + AC$; mais on vient de trouver $BO + OC < BD + DC$; donc, à plus forte raison, $BO + OC < BA + AC$.

PROPOSITION II.

Si on joint deux extrémités de deux droites qui se coupent, ainsi que les deux extrémités opposées par deux autres lignes droites, la somme de ces deux dernières droites sera toujours moindre que celle des deux premières.

Soit les deux droites AD, BC qui se coupent en un point O. Joignons les extrémités A et B, C et D par les deux droites AB, CD. Je dis que la somme de ces deux dernières droites est moindre que celle des deux premières.

En effet, dans les triangles AOB, COD, on a AB $\prec$ AO+OB, CD $\prec$ CO+OD; ajoutant ces deux inégalités, membre à membre, et observant que AO+OD=AD et que BO+OC=BC, on aura AB+CD $\prec$ AD+BC.

PROPOSITION III.

Si on joint deux sommets d'un triangle à deux points quelconques pris sur les deux côtés opposés, par deux lignes droites, la somme de ces droites sera toujours plus grande que celle des segments de ces deux côtés, compris entre ces droites et le troisième côté de ce triangle.

Soit le triangle ABC et soit les deux droites BD, CE, ti- fig. 6. rées des sommets B et et C aux deux points quelconques D et E, pris sur les deux côtés opposés, je dis que la somme de ces deux droites est plus grande que celle des deux seg-ments BE, DC.

En effet, dans les triangles ABD, AEC, on a AB ou AE+EB $\prec$ AD+DB, AC ou AD+DC $\prec$ AE+EC; ajoutant ces deux inégalités membre à membre, et supprimant les termes AE, AD, communs aux deux membres, on aura EB+DC $\prec$ BD+EC.

PROPOSITION IV.

Lorsque deux triangles ont un côté commun, et que chacun des deux autres côtés de l'un de ces triangles est égal à son adjacent dans l'autre triangle, si l'on fait tourner l'un de ces triangles autour de ce côté commun, le sommet de ce triangle opposé à ce côté commun tombera sur le sommet de l'autre triangle, opposé à ce même côté commun.

Soit les deux triangles ABC, DBC qui ont le côté commun fig. 7. BC, et dans lesquels on a AB=BD et AC=DC, je dis que si on fait tourner le triangle ABC autour de BC, le point A tombera en D.

Imaginons deux surfaces, l'une décrite par la droite indéfinie BD tournant autour du point B, et assujettie dans son mouvement à raser constamment la droite indéfinie CD; l'autre décrite par cette dernière droite CD tournant autour du point C, et assujettie à raser la droite BD. Les droites BD, CD seront communes à ces deux surfaces; par conséquent, le point D qui leur est commun sera aussi un point commun à ces deux surfaces.

Cela posé, il est clair que dans ce mouvement de rotation du triangle ABC autour de BC, le sommet A finira par rencontrer l'une ou l'autre de ces deux surfaces. Supposons que ce soit la surface décrite par BD: pour démontrer que le point A tombera en D, il suffit de démontrer qu'il tombera sur la génératrice BD; car puisque $AB = BD$, s'il est démontré qu'il tombe sur cette génératrice, il sera dès lors aussi démontré qu'il tombe en D.

Je dis donc que le point A tombera sur la génératrice BD. En effet, supposons d'abord qu'il tombe sur une génératrice BF coupant CD en un point M entre C et D, sa position sur cette génératrice sera ou en M, ou en un point E entre B et M, ou en un point F sur le prolongement de BM. Dans le premier cas, à cause de $CM < CD$, on aurait $AC < CD$; dans le deuxième cas, à cause de $BE + EC < BD + DC$ (théorème 1), on aurait $BA + AC < BD + DC$; dans le troisième cas, à cause de $BD + CF < BF + CD$ (théor. 2), on aurait $BD + AC < AB + CD$.

Supposons, en second lieu, qu'il tombe sur une génératrice BL coupant cette même droite CD en un point H de son prolongement; sa position sur cette génératrice sera ou en H, ou en un point G entre B et H, ou en un point L sur le prolongement de BH. Dans le premier cas, à cause de $CH > CD$, on aurait $CA > CD$; dans le deuxième cas, à cause de $CG + BD > CD + BG$ (théor. 3), on aurait $CA + BD > CD + AB$; dans le troisième cas, à cause de $BL + LC > BD + DC$ (théor. 1), on aurait $BA + AC > BD + DC$; mais on a $AB = BD$ et $AC = DC$, d'où on déduit $AB + AC = BD + DC$ et $AB + DC = AC + BD$; donc le point A ne peut tomber ni sur une génératrice BF, coupant CD en un point M entre C et D, ni sur une génératrice BL , coupant la même droite en un point H de son prolongement; donc il tombera sur la génératrice BD; donc il tombera au point D.

On démontrerait de la même manière que si le point A tombe sur la surface décrite par CD, il tombera sur cette droite CD, et que par conséquent il tombera aussi en D, puisque CD=CA; donc le point A tombera en D.

PROPOSITION V.

Si du sommet et du milieu de la base d'un triangle isocèle on tire une droite indéfinie : 1° tout point situé sur cette droite sera également distant des deux extrémités de cette base ; 2° et si on joint un point de cette droite à l'une de ces extrémités par une autre droite, tout point situé sur le prolongement de cette autre droite sera inégalement distant de ces mêmes extrémités.

Soit le triangle isocèle ABC, et soit E un point pris sur la droite indéfinie ED, passant par le sommet A de ce triangle et par le point D, milieu de sa base. Joignons EB, EC. 1° Puisque BA=AC et que BD=DC, il s'en suit, par le théorème précédent, que, si le triangle BAD tourne autour de AD, le point B tombera en C; donc si le triangle EBD tourne en même temps que le triangle ABD, dès lors que le point B tombera en C, la droite BE couvrira exactement la droite EC; donc BE=EC; donc le point E est également distant des extrémités B et C.

2° Soit la droite BE qui joint un point E de AD à l'une des extrémités B de cette base, et soit F un point pris sur le prolongement de cette droite; joignons EC, FC. Puisque la pointe E appartient à DA , on a EB=EC; mais dans le triangle FEC, on a FC < EF+EC; remplaçant EC par son égal EB, on aura FC < FE+EB ou FC < FB; donc le point F est inégalement distant des mêmes extrémités B et C.

fig. 8.

PROPOSITION VI.

Si un triangle isocèle tourne autour de sa base supposée fixe, la droite indéfinie, tirée du milieu de la base et passant par le sommet, engendrera, dans ce mouvement de rotation du triangle, une certaine surface. Or, je dis : 1° que tout point également distant des extrémités de cette base appartiendra à cette surface; 2° que tout point inégalement distant de ces mêmes extrémités n'appartiendra point à cette surface.

fig. 9. Soit E un point également distant des extrémités de la base BC supposée fixe d'un triangle isocèle ABC, et soit la droite indéfinie DA passant par le sommet et par le point D, milieu de la base; joignons EB, EC. Si dans le mouvement de rotation du triangle BAC, la droite DA ne rencontrait pas la ligne brisée BEC au point E, en vertu du théorème précédent, on n'aurait pas BE=EC, mais on a BE=EC; donc dans ce mouvement de rotation du triangle ABC, la droite indéfinie DA passera au point E; donc le point E appartient à cette surface; 2° soit F, un point inégalement distant des mêmes extrémités B et C; joignons BF, FC. Si dans le mouvement de rotation du triangle ABC, la droite DA rencontrait la ligne brisée BFC au point F, en vertu du même théorème précédent, on aurait BF=FC; par conséquent le point F serait également distant des extrémités B et C, mais le point F est inégalement distant des extrémités B et C; donc la droite DA ne peut point passer au point F; donc le point F n'appartient point à cette surface.

Corollaire. Tout point pris dans cette surface sera également distant des extrémités B et C, car s'il en était autrement, ce point ne serait pas dans cette surface, ce qui est contre la supposition.

PROPOSITION VII.

Tout étant comme dans le théorème précédent, je dis que la surface engendrée par la droite AD, dans le mouvement de rotation du triangle BAC, est une surface plane.

Soit E et H, deux points pris à volonté dans cette surface; fig. 9. par ces deux points faisons passer une droite. Pour démontrer que la surface en question est une surface plane, il suffit de démontrer que tout autre point G de la droite EH appartiendra à cette surface. Or je dis qu'il en est ainsi; en effet, joignons CG, CH, BG, BH, puisque les points E et H appartiennent à la surface ou à CE=EB et CH=HB. Donc si on fait tourner le triangle BEH autour de EH, le point B tombera en C (4); par suite, BG coïncidera avec GC; donc BG=GC; donc le point G appartient aussi à cette surface; donc cette surface est une surface plane; donc la surface plane, telle qu'on la définit en géométrie, est une surface qui existe.

Corollaire. Suivant une ligne droite, on peut toujours faire passer un plan; car on peut toujours faire passer un plan par deux points de cette droite, et alors cette droite sera tout entière dans ce plan.

PROPOSITION VIII.

Suivant une droite et un point pris hors de cette droite, on peut toujours faire passer un plan, mais on n'en peut faire passer qu'un seul.

Soit la droite AB et le point C pris hors de cette droite. fig. 10.

1° Suivant AB fesons passer un plan. Il est clair que si on fait tourner ce plan autour de AB, il finira par rencontrer le point C; donc suivant la droite AB et le point C, on peut toujours faire passer un plan.

2° Pour démontrer que suivant la même droite et le même point on ne peut faire passer qu'un seul plan, il suffit de démontrer que tout autre point D, appartenant au premier plan, appartiendra aussi au second plan.

Il y a deux cas, suivant que les points D et C sont l'un d'un côté et l'autre de l'autre de AB, ou qu'ils sont tous les deux du même côté de AB.

1er cas. Par les points D et C tirons la droite DC, puisque les points D et C sont situés l'un d'un côté et l'autre de l'autre de AB ou qu'ils sont tous les deux d'un même côté de AB.

1er cas. Par les points D et C tirons la droite DC. Puisque les points D et C sont situés l'un d'un côté et l'autre de l'autre de AB, il s'en suit que la droite DC coupe AB en un point E; donc elle passe par deux points C et E appartenant au second plan; donc elle est tout entière dans ce 2e plan, mais elle est aussi tout entière dans le 1er plan, comme passant par les deux points D et C appartenant à ce 1er plan; donc elle est commune aux deux plans.

fig. 11. 2e cas. Les points D et C sont situés d'un même côté de AB.

Considérons un 3e point F pris dans le 1er plan et situé de l'autre côté de AB, par rapport aux points C et D.

Puisque le point C est commun aux deux plans et que les points C et F se trouvent l'un d'un côté et l'autre de l'autre de AB, il s'en suit que le point F est aussi commun aux deux plans. De même, puisque le point F est commun aux deux plans, et que les points D et F se trouvent l'un d'un côté et l'autre de l'autre de AB, le point D est aussi commun aux deux plans; donc tout point pris dans le 1er plan appartient aussi au second plan.

fig. 10. Corol. 1er. Trois points ABC non en ligne droite déterminent la position d'un plan; car si par deux de ces points A et B on tire une droite indéfinie AB, le point C sera hors de cette droite, puisque les trois points ABC ne sont point en ligne droite; mais suivant une droite et un point pris hors de cette droite, on peut faire passer un plan, mais on n'en peut faire passer qu'un seul; donc aussi par les trois points ABC on peut faire passer un plan, mais on n'en peut faire passer qu'un seul.

2o Tout triangle détermine la position d'un plan; car les trois sommets d'un triangle sont trois points non en ligne droite.

3° Toute ligne droite CD qui en rencontre une autre AB, fig. 12. détermine avec celle-ci la position d'un plan ; car on peut faire passer un plan suivant la droite AB et un point E pris hors de cette droite et appartenant à la droite CD, et dès lors cette droite CD sera tout entière dans ce plan, puisqu'elle y aura deux points.

DÉMONSTRATION

DU

POSTULATUM D'EUCLIDE.

DÉFINITIONS.

On appelle quantité *variable* celle qui prend successivement divers états de grandeur, et *constante* celle qui reste toujours de même grandeur.

Une quantité variable est dite avoir une *limite* quand elle peut approcher d'aussi près qu'on veut d'un dernier degré d'augmentation ou de diminution, sans pouvoir l'atteindre. Ce dernier degré d'augmentation ou de diminution est précisément ce qu'on appelle la limite de cette quantité.

Par exemple, si l'on prend le milieu C d'une portion AB **fig. 13.** de la droite AD, puis le milieu C' de CB, puis le milieu C" de C'B, et ainsi de suite,

les lignes AC, AC', AC", . . . auront pour limite AB;
les lignes DC, DC', DC", . . . auront pour limite DB;
les lignes CB, C'B, C"B, . . . auront pour limite zéro.

PROPOSITION I.

Si on diminue une quantité variable, plus grande que sa limite, de la somme du nombre illimité des quantités dont elle varie successivement, le reste qu'on obtiendra sera égal à cette limite.

Soit V une de ces quantités, L sa limite, et P, P', P", P"',.... la suite illimitée des quantités dont elle varie successivement pour s'approcher de cette limite.

Par l'idée que nous venons de donner de ces sortes de quantités, il est clair, qu'on pourra toujours prendre assez de termes de la suite P, P', P", P"', ... pour que, leur somme étant retranchée de V, le reste diffère de L d'une quantité moindre que telle quantité qu'on voudra, pour si petite qu'elle soit, et de même nature que V, puisqu'on peut approcher de L d'aussi près qu'on veut ; donc si l'on diminue la quantité V de la somme du nombre illimité des quantités P, P', P", P"', ... le reste différera de L d'une quantité moindre que toute quantité assignable ; donc ce reste sera égal à L.

fig. 18.   Que, par exemple, CD soit la quantité variable représentée par V, et CC', C'C", C"C"', ... les quantités représentées par P, P', P", ... il est clair qu'on pourra toujours prendre assez de termes de la suite CC', C'C", C"C"', ... pour que leur somme CC'+C'C"+C"C"'+... étant retranchée de DC, le reste diffère de DB d'une longueur moindre que telle longueur qu'on voudra ; donc, si l'on retranche de CD la somme de tous les termes de cette suite, le reste différera de DB d'une quantité moindre que toute longueur donnée ; donc ce reste sera égal à DB.

On prouverait, en raisonnant absolument de la même manière, que si l'on augmente une quantité variable, plus petite que sa limite, de la somme du nombre illimité des quantités dont elle varie successivement, le résultat qu'on obtiendra sera égal à cette limite.

PROPOSITION II.

Si deux quantités variables ont des limites égales, et que les quantités dont elles varient successivement soient constamment égales chacune à chacune, ces quantités elles-mêmes seront aussi égales.

Soit V et V' ces deux quantités variables que nous supposons être au-dessus de leurs limites; représentons par P, P', P'', P''', ... les quantités dont elles varient successivement, on aura V — (P+P'+P''+P'''+....)=L, et L'=V' — (P+P'+P''+P'''+....); ajoutant ces deux égalités membre à membre, et supprimant la partie commune (P+P'+P''+P'''+....), qui se trouvant dans les deux membres avec le même signe, peut être supprimée sans troubler leur égalité, il viendra L'+V=L+V'; mais par hypothèse L'=L; donc on a aussi V=V'.

En raisonnant d'une manière semblable, on prouvera qu'il en est encore de même, si les variables sont constamment au-dessous de leurs limites.

PROPOSITION III.

Dans tout triangle, la somme des trois angles est égale à deux angles droits.

« Soit ABC le triangle proposé, dans lequel nous supposons (1) que AB est le plus grand côté et BC le plus petit, « et qu'ainsi ABC est le plus grand angle, et BAC le plus « petit.

fig. 14.

« Par le point A et par le point I, milieu du côté opposé « BC, menez la droite AI que vous prolongerez en C, jusqu'à ce que AC=AB; prolongez de même AB en B, jusqu'à « ce que AB' soit double de AI.

(1) Cette supposition n'exclut pas le cas où le côté moyen AC serait égal à l'un des deux autres, ni celui où les trois côtés seraient égaux.

2

« Si on désigne par A , B , C , les trois angles du triangle
« ABC et semblablement par A', B', C', les trois angles du
« triangle AB'C', je dis qu'on aura l'angle C'=B+C, et l'an-
« gle A=A'+B', d'où résulte A+B+C= A'+B'+C', c'est-à-dire
« que la somme des trois angles est la même dans les deux
« triangles.

« Pour le prouver, faites AK=AI et joignez C'K, vous au-
« rez le triangle C'A'K égal au triangle BAI. Car dans ces
« deux triangles, l'angle commun A est compris entre côtés
« égaux chacun à chacun, savoir : AC=AB, et A'K=AI;
« dont le troisième côté C'K est égal au troisième BI; donc
« aussi l'angle AC'K=ABC, et l'angle AKC=AIB.

« Je dis maintenant que le triangle B'C'K est égal au
« triangle ACI, car la somme des deux angles adjacents
« AKC'+C'KB' est égale à deux angles droits, ainsi que la
« somme des deux angles AIC+AIB; retranchant de part et
« d'autre les angles égaux AKC', AIB, il restera C'KB'=AIC.
« Ces angles égaux dans les deux triangles sont compris en-
« tre côtés égaux, chacun à chacun, savoir C'K=IB=IC, et
« KB'=AK=AI, puisqu'on a supposé AB'=2 AI=2 AK; donc
« les deux triangles B'C'K, ACI sont égaux; donc le côté
« C'B'=AC, l'angle B'C'K=ACB, et l'angle KB'C'=CAI.

« Il suit de là : 1° que l'angle AC'B' désigné par C' est com-
« posé de deux angles égaux aux angles B et C du triangle
« ABC; et qu'ainsi on a C'=B+C; 2° que l'angle A du trian-
« gle ACC est composé de l'angle A' ou C'AB' qui appartient
« au triangle AB'C' et de l'angle CAI= à l'angle B' du même
« triangle, ce qui donne A=A'+B'; donc A+B+C=A'+B'+C'.
« D'ailleurs puisqu'on a par hypothèse AC < AB, et par
« conséquent C'B' < AC', on voit que, dans le triangle AC'B
« l'angle en A, désigné par A', est moindre que B', et
« comme la somme des deux est égale à l'angle A du trian-

« gle proposé, il s'en suit qu'on a l'angle A' < $\frac{1}{2}$ A.

« Si on applique la même construction au triangle AB'C',
« pour former un troisième triangle AC"B" dont les angles
« seront désignés par A", B", C", on aura semblablement les
« deux égalités C"=C'+B', A'=A"+B", d'où résulte A'+B'+C'=

« A"+B"+C". Ainsi la somme des trois angles est la même
« dans ces trois triangles ; on aura en même temps l'angle
« A" $< \frac{1}{2}$ A', et par conséquent A" $< \frac{1}{4}$ A.

« Continuant indéfiniment la suite des triangles AC'B',
« AC"B", etc., on parviendra à un triangle $a \, b \, c$ dans le-
« quel la somme des trois angles sera toujours la même que
« dans le triangle proposé ABC et qui aura l'angle a plus pe-
« tit que tel terme qu'on voudra de la progression décrois-
« sante $\frac{1}{2}$ A, $\frac{1}{4}$ A, $\frac{1}{8}$ A, etc.

« On peut donc supposer cette suite de triangles prolon-
« gée jusqu'à ce que l'angle a soit moindre que tout angle
« donné.

« Et si au moyen du triangle $a \, b \, c$ on construit le trian-
« gle suivant $a' \, b' \, c'$, la somme des angles $a'+b'$ de celui-
« ci sera égale à l'angle a, et sera par conséquent moindre
« que tout angle donné. »

Donc si l'on imagine la même construction qui a servi à
former du premier triangle le second, du second le troisième,
etc., indéfiniment répétée, il s'en suivra une suite de triangles dont la somme des trois angles sera constante, c'est-à-
dire, sera pour chacun d'eux la même que celle du premier
triangle, et dont la somme des angles de la base, à partir du
premier triangle, ira, en diminuant de plus en plus, jusqu'à
devenir plus petite que tout angle donné ; donc, par rapport
à cette suite, la somme des angles A+B représente une quantité variable, qui a zéro pour limite.

Imaginons maintenant que dans chacun de ces triangles
on ait prolongé le côté moyen vers l'extrémité opposée à la
base, il s'en suivra de même une suite indéfinie d'angles extérieurs ECB, E'C'B' E"C"B",... de plus en plus petits, à
partir du premier et qui auront aussi zéro pour limite ; car,
aussitôt que les angles A et B seront nuls, l'angle extérieur
FCB sera aussi nul, en même temps, puisqu'alors les trois
points A, C, B seront en ligne droite.

Donc, par rapport à cette suite indéfinie de triangles, la
somme des angles A+B d'une part, et l'angle extérieur ECB

d'autre part, sont deux quantités variables, qui ont zéro pour limite, qui ont, par conséquent, la même limite.

De plus, chacun de ces angles extérieurs diminue, d'un triangle à l'autre, précisément de la même quantité dont a diminué la somme des angles de la base du triangle auquel il appartient, savoir, du plus grand angle de la base du triangle, immédiatement précédent. En effet, la somme des angles A'+B' du second triangle, par exemple, ayant diminué de l'angle B, par rapport à la somme des angles A+B du premier triangle, l'angle extérieur E'C'B' a aussi diminué du même angle B, par rapport à l'angle extérieur ECB de ce premier triangle; car on a E'C'B'=2^d—AC'B'=2^d—AC'E —EC'B=2^d—ABC—ACB=ECB+ACB—ABC—ACB=ECB—ABC.

On démontrerait de la même manière, que la même chose a lieu pour tout autre angle extérieur.

Donc, par rapport à cette suite indéfinie de triangles; la somme des angles A+B, d'une part, et l'angle extérieur ECB, d'autre part, représentent deux quantités variables, variant d'une quantité qui est constamment la même pour chacune d'elles, à chaque instant de leur variation; et comme d'ailleurs ces mêmes quantités ont aussi des limites égales, puisqu'elles ont la même limite qui est zéro, il s'en suit qu'elles sont égales (prop. 2.)

Donc, la somme des angles A+B= l'angle extérieur ECB. Ajoutant de part et d'autre l'angle ACB, on aura ACB+CAB+CBA=ACB+ECB=2 droits; donc dans tout triangle la somme des trois angles est égale à deux angles droits.

Corollaire. 1° Dans tout triangle il ne peut y avoir qu'un seul angle droit, et à plus forte raison qu'un seul angle obtus; mais les trois angles peuvent être aigus.

2° Dans tout triangle rectangle, la somme des deux angles aigus est égale à un droit; donc si ce triangle est isocèle, chacun de ces deux angles vaudra $\frac{1}{2}$ droit.

3° Si la somme de deux angles d'un triangle est égale à la somme de deux angles d'un autre triangle, le troisième angle de l'un sera égal au troisième angle de l'autre, puisque de part et d'autre la somme des trois angles est égale à 2 droits.

4° Dans tout triangle ABC, l'angle extérieur ABC, formé par un côté et le prolongement d'un autre, est égal à la somme A+C des deux intérieurs opposés, puisqu'en ajoutant, soit à cette somme, soit à l'angle extérieur, le troisième angle ABC, on a une somme égale à 2 droits. Donc si BC=BA, l'angle extérieur sera double de chacun des deux intérieurs A et B.

PROPOSITION IV.

fig. 16.

Si deux droites AX, BR sont par rapport à une troisième AB, l'une BR perpendiculaire à cette troisième et l'autre oblique, ces deux droites, suffisamment prolongées, finiront par se rencontrer.

Par le point A tirons AF perpendiculaire à AC; prenons BC=AB et joignons AC. Le triangle ABC étant rectangle et isocèle, on a l'angle BAC=ACB= $\frac{1}{2}$ droit; donc la droite AC divise l'angle droit BAF en deux parties égales.

Prenons de même CD=AC, et joignons AD : dans le triangle isocèle ACD, on a l'angle CAD=ADC= $\frac{1}{2}$ ABC (prop. 3); mais ce dernier angle est $\frac{1}{2}$ droit; donc l'angle CAD, qui est égal à la moitié de cet angle, est $\frac{1}{4}$ d'angle droit; donc la droite AD divise l'angle CAF en deux parties égales, et par conséquent fait avec AF un angle DAF égal à $\frac{1}{4}$ d'angle droit.

On démontrera de la même manière que si on prend DE=AD, et qu'on joigne AE, la droite AE, ainsi obtenue, divisera l'angle DAF en deux parties égales, et fera par conséquent avec AF, un angle EAF égal à $\frac{1}{8}$ d'angle droit, et ainsi de suite.

Donc il est toujours possible, au moyen de cette suite de constructions, d'obtenir sur la droite BR un point tel qu'en tirant par ce point et le point A une droite AP, cette droite fasse avec AF, un angle PAF moindre que telle subdivision qu'on voudra de l'angle droit BAF, et par conséquent moindre que l'angle donné XAF; mais la droite AP rencontre BR; donc, à plus forte raison, la droite AX rencontrera-t-elle BR, puisqu'elle est comprise dans l'angle PAB.

RELATIONS

DE

DEUX CIRCONFÉRENCES

RELATIVEMENT

A LA DISTANCE DE LEURS CENTRES.

La distance des centres de deux circonférences ne peut se trouver que dans les cinq cas suivants : ou elle est égale à la somme des rayons, ou elle est égale à la différence des rayons, ou elle est moindre que la somme des rayons, mais plus grande que leur différence, ou elle est plus grande que la somme des rayons, ou elle est moindre que la différence des rayons. Nous allons examiner successivement chacun de ces cas.

Soit C et R, le centre et le rayon d'une circonférence ; O et r, le centre et le rayon d'une autre circonférence. Supposons que la ligne des autres est horizontale, que C est à la gauche de O, et que si R et r sont inégaux, on a R $>$ r. Désignons par A et B les deux points d'intersection de la première circonférence avec la ligne des centres ; par D et F les deux points d'intersection de la deuxième circonférence avec la même ligne. Dans la première circonférence,

A est le point situé à gauche du centre et B le point situé à droite; dans la deuxième, D est le point situé à gauche du centre et F le point situé à droite.

fig. 17. Observons d'abord que lorsque deux circonférences ont un point commun E hors de la ligne des centres, la distance CO des centres est moindre que la somme des rayons, mais plus grande que leur différence; car, si on tire les rayons CE, OE, puisque le point E est hors de la ligne des centres, ces rayons formeront avec cette ligne un triangle ECO; donc on aura CO $<$ CE$+$EO, mais $>$ CE—EO. Cela posé :

fig. 18. 1er cas. La distance CO est égale à la somme des rayons.

Dans ce cas la distance AF est égale à la somme des diamètres; car on a AF$=$AC$+$CO$+$OF$=$R$+$ (R$+r$) $+r=$2R$+$2r; donc alors le point B tombe en D, ou bien les points B et D ne font qu'un seul et même point B commun aux deux circonférences. Si à ce point on élève la perpendiculaire BE, cette droite sera tangente commune à ces deux circonférences, comme perpendiculaire à l'extrémité de chacun des rayons CB, OB; donc elle n'aura avec ces circonférences d'autre point commun que le point B; donc, à plus forte raison, ces circonférences elles-mêmes n'ont-elles non plus entre elles d'autre point commun que ce même point B, puisqu'elles sont situées l'une d'un côté, l'autre de l'autre de cette perpendiculaire.

Par la raison que tandis que l'une de ces circonférences est située d'un côté de cette perpendiculaire l'autre se trouve de l'autre côté, il s'en suit encore qu'elles sont extérieures.

Donc si la distance des centres de deux circonférences est égale à la somme des rayons, ces circonférences seront tangentes et extérieures l'une à l'autre.

fig. 19. 2e cas. La distance CO est égale à la différence des rayons.

Dans ce cas la distance AF est égale au plus grand diamètre; car on a AF$=$AC$+$CO$+$OF$=$R$+$ (R—r) $+r=$2R; donc alors le point B tombe en F, ou bien les points B et F ne font qu'un seul et même point F commun aux deux circonférences. Quant au point D, il est intérieur à la circonférence R; car puisqu'on a $r <$ R, on a, à plus forte raison, $r <$ CO $+$R, ou OD $<$ OC$+$CA, ou bien OD $<$ OA; donc ces circonférences n'ont d'autre point commun sur la ligne des centres que le point F; d'ailleurs elles n'ont aucun point commun hors de cette ligne, autrement la distance des centres serait plus grande que la différence des rayons, ce qui est contre la supposition.

Donc si la distance des centres de deux circonférences est égale à la différence des rayons, ces circonférences seront tangentes et celle du plus petit rayon sera intérieure à celle du plus grand rayon.

Corol. 1er. Si deux circonférences ont un point commun sur la ligne des centres, elles seront tangentes à ce point; car alors suivant que ce point commun se trouvera entre les centres ou hors des centres, la distance des centres sera égale à la somme ou à la différence des rayons; donc ces circonférences seront tangentes.

2° Si deux circonférences se coupent, aucun des points d'intersection ne peut se trouver sur la ligne des centres; car, s'il y en avait un, ces circonférences seraient tangentes à ce point et, par conséquent, ne se couperaient pas, ce qui est contre la supposition.

3° cas. La distance CO est moindre que la somme des fig. 20. rayons; mais elle est plus grande que la différence de ces mêmes rayons.

Si CO était égale à la somme des rayons, AF serait égale à la somme des diamètres (1er cas); mais CO est moindre que la somme des rayons, donc AF est aussi moindre que la somme des diamètres; donc le point B est à la droite de D. Si CO était égale à la différence des rayons, AF serait égale au plus grand diamètre (2e cas); mais CO est plus grande que la différence des rayons; donc AF est aussi plus grande que le plus grand diamètre; donc le point B est à la gauche de F; donc il est situé entre D et F; donc, dans ce 3e cas, les deux circonférences se coupent, puisque chacune d'elles est par rapport à l'autre en partie au dedans et en partie au dehors.

Donc si la distance des centres de deux circonférences est moindre que la somme des rayons, mais plus grande que leur différence, ces circonférences se couperont.

Corol. 1er. Si deux circonférences ont un point commun hors de la ligne des centres, elles se couperont; car alors la distance des centres sera moindre que la somme des rayons, mais plus grande que leur différence.

2°. Si deux circonférences sont tangentes, le point de contact sera situé sur la ligne des centres; car s'il était hors de cette ligne, ces circonférences se couperaient, ce qui est contre la supposition.

fig. 21.

4e cas. La distance CO est plus grande que la somme des rayons.

Si CO était égale à la somme des rayons, AF serait égale à la somme des diamètres, mais cette distance est plus grande que la somme des rayons; donc AF est aussi plus grande que la somme des diamètres; donc le point B est à la gauche de D; donc si du point O et d'un rayon égal à OB on décrit une circonférence, la circonférence OD sera intérieure à cette circonférence, et n'aura avec elle aucun point commun, puisque ces circonférences seront concentriques et que l'on a OD < OB.

D'un autre côté, puisque CO=CB†BO, la circonférence CB sera extérieure à la circonférence OB (1er cas); donc 1° puisque la circonférence OD, intérieure à la circonférence OB, n'a aucun point commun avec cette circonférence, à plus forte raison n'a-t-elle non plus aucun point commun avec la circonférence CB, extérieure à la même circonférence; 2° et puisque la circonférence CB est extérieure à la circonférence OB, à plus forte raison est-elle aussi extérieure à la circonférence OD, intérieure à la circonférence OB. Donc si la distance des centres de deux circonférences est plus grande que la somme des rayons, ces circonférences n'auront aucun point commun et seront extérieures l'une à l'autre.

fig. 22.

5e cas. La distance CO est moindre que la différence des rayons.

Si CO était égale à la différence des rayons, AF serait égale au plus grand diamètre (2e cas); mais CO est moindre que la différence des rayons; donc aussi AF est moindre que le plus grand diamètre; donc le point F est à la gauche de

B; donc si du point O et d'un rayon égal à OB on décrit une circonférence, la circonférence OF sera intérieure à cette circonférence et n'aura avec elle aucun point commun, puisque ces circonférences seront concentriques et que l'on a OF $<$ OB. D'un autre côté, puisque $CO=CB-OB$, la circonférence OB sera intérieure à la circonférence CB (2° cas); donc, puisque la circonférence OF est intérieure à la circonférence OB et n'a aucun point commun avec cette circonférence, et que la circonférence OB est intérieure à la circonférence CB, à plus forte raison la circonférence OF est-elle intérieure à la circonférence CB et n'a-t-elle avec cette circonférence aucun point commun. Donc si la distance des centres de deux circonférences est moindre que la différence des rayons, ces circonférences n'auront aucun point commun, et celle du moindre rayon sera intérieure à celle du plus grand rayon.

Scholie. Il résulte de cette discussion relative à la distance des centres de deux circonférences, que deux circonférences tracées sur un même plan ne peuvent avoir l'une à l'égard de l'autre que les cinq positions suivantes : ou elles sont extérieures sans se toucher, ou extérieures et se touchent, ou elles se coupent, ou elles sont intérieures et se touchent, ou intérieures et ne se touchent point. Toute autre position est impossible, puisque la distance des centres de deux circonférences ne peut se trouver que dans les cinq cas que nous venons de discuter.

Les réciproques de ces cinq propositions sont vraies et se démontrent toutes de la même manière. Par exemple, si deux circonférences sont tangentes et extérieures, la distance des centres est égale à la somme des rayons; car si cela n'était pas, ces circonférences ne seraient pas tangentes et extérieures, ce qui est contre la supposition.

NOUVELLE DÉMONSTRATION

DU

CARRÉ DE L'HYPOTHÉNUSE.

————⟨✦⟩————

Le carré fait sur l'hypothénuse d'un triangle rectangle est
égal à la somme des carrés construits sur les deux autres
côtés.

Soit ABC, le triangle rectangle proposé; BDEC, le carré
fait sur l'hypothénuse, et ACKH, le carré fait sur l'un des
deux autres côtés. La somme des angles BAC, CAH est égale
à deux droits, puisque chacun de ces angles est droit; donc
la ligne BAH est une ligne droite. Cela posé, du sommet A
abaissons la perpendiculaire AF, prolongée jusqu'à la rencontre de DE en G; je dis d'abord que le rectangle CFGE est
équivalent au carré fait sur AC. Pour le démontrer, tirons
KL parallèle à BC qui coupera BH en un point N, et prolongeons DB, EC jusqu'à la rencontre de cette parallèle en L et
M. Dans les triangles rectangles AFC, CMK, on a AC=CK
comme côtés d'un même carré, et si des angles droits FCM,
ACK on retranche l'angle ACM qui leur est commun, il restera l'angle ACF=MCK; donc ces triangles sont égaux
comme ayant l'hypothénuse égale et un côté égal; donc on a
CF=CM; donc le rectangle CFGE est égal au rectangle LBCM
comme ayant des bases égales CE=CB et des hauteurs égales
CF=CM; mais ce dernier rectangle est équivalent au paral-

fig. 23.

lélogramme NBCK, comme ayant même base BC et même hauteur CM, et le parallélogramme NBCK est lui-même équivalent au carré ACKH, comme ayant même base CK et même hauteur CA; donc le rectangle CFGE est équivalent au carré ACKH, ou au carré fait sur AC. On démontrerait de la même manière que le rectangle FBDG est équivalent au carré fait sur AB; mais ces deux rectangles composent le carré fait sur l'hypothénuse. Donc, etc.

NOUVELLES DÉMONSTRATIONS

DES

Principales Propriétés du Cercle et des trois Corps ronds.

~~~⚬~~~

PROPOSITION I.

Si plusieurs quantités variables sont telles que chacune d'elles puisse devenir moindre que toute quantité donnée, leur somme pourra aussi devenir moindre que toute quantité donnée.

Soit M, quantités variables dont chacune peut devenir moindre que toute quantité donnée d. Je dis que la somme de ces quantités peut aussi devenir moindre que toute quantité donnée.

En effet, puisque chacune de ces quantités peut devenir moindre que toute quantité donnée, il s'en suit qu'on peut faire chacune d'elles moindre que $\frac{d}{m}$; et alors leur somme sera moindre que $\frac{d}{m} \bowtie M$ ou moindre que d.

Corollaire. Si une quantité variable V peut devenir moindre que toute quantité donnée, le produit $V \bowtie N$ de cette quantité par un nombre entier quelconque N pourra aussi devenir moindre que toute quantité donnée.

Car ce produit ne sera autre chose que la somme de N, quantités variables dont chacune sera égale à V.

PROPOSITION II.

Si une quantité variable peut devenir moindre que toute quantité donnée, le quotient de cette quantité divisée par un nombre entier quelconque pourra aussi devenir moindre que toute quantité donnée, car ce quotient ne sera autre chose qu'une partie de cette variable divisée en plusieurs parties égales; or, si cette variable devient moindre que toute quantité donnée, à plus forte raison une de ces parties égales sera-t-elle aussi moindre que toute quantité donnée.

Corollaire. Si le produit $V \bowtie N$ d'une quantité V par un nombre entier N peut devenir moindre que toute quantité donnée, cette quantité elle-même pourra aussi devenir moindre que toute quantité donnée.

Car le produit $V \bowtie N$ représentant une quantité variable pouvant devenir moindre que toute quantité donnée, le quotient $\dfrac{V \bowtie N}{N} = V$ de ce produit divisé par le nombre entier N, ou bien la quantité V pourra aussi devenir moindre que toute quantité donnée.

PROPOSITION III.

Si une variable V peut devenir moindre que toute quantité donnée, le produit de cette variable par une constante quelconque C, pourra aussi devenir moindre que toute quantité donnée.

Soit $\dfrac{m}{n}$ la fraction ou l'expression fractionnaire représentant la valeur de la constante C, on a $V \bowtie C = V \bowtie \dfrac{m}{n} = \dfrac{V \bowtie m}{n}$.

Or, la quantité V étant une variable pouvant devenir moindre que toute quantité donnée, le produit $V \bowtie m$ de cette variable par le nombre entier M pourra aussi devenir moindre que toute quantité donnée (1); par suite, le quotient $\dfrac{V \bowtie m}{n}$ de ce produit par le nombre entier n pourra aussi devenir moindre que toute quantité donnée. (2)

Corollaire 1. A plus forte raison le produit $V \times C$ deviendra-t-il moindre que toute quantité donnée, si C au lieu d'être une constante est une variable qui diminue en même temps que V.

Corollaire 2. On prouverait de la même manière que si une quantité variable V peut devenir moindre que toute quantité donnée, le quotient de cette quantité par une constante quelconque C pourra aussi devenir moindre que toute quantité donnée.

PROPOSITION IV.

Réciproquement, si un produit de deux facteurs peut devenir moindre que toute quantité donnée, et que l'un de ces facteurs soit une constante quelconque $\dfrac{m}{n}$, l'autre facteur V sera une variable qui pourra devenir moindre que toute quantité donnée.

Car si le produit $V \times \dfrac{m}{n}$ est une quantité variable pouvant devenir moindre que toute quantité donnée, le produit $(V \times \dfrac{m}{n}) \times n$ de cette quantité par le nombre entier n pourra aussi devenir moindre que toute quantité donnée; mais $(V \times \dfrac{m}{n}) \times n = V \times m$; donc le produit $V \times m$ pourra devenir moindre que toute quantité donnée; mais m est un nombre entier; donc la quantité V pourra aussi devenir moindre que toute quantité donnée (2).

PROPOSITION V.

Si la différence (a) de deux quantités dont l'une est variable et l'autre constante peut devenir moindre que toute

(a) Il est entendu une fois pour toutes que nous voulons parler d'une différence qui ne peut jamais être nulle.

3

quantité donnée, il ne pourra point exister une troisième quantité qui, ne variant point, soit toujours moindre que la plus grande de ces deux premières quantités et plus grande que la plus petite.

Soit A et B, deux quantités dont l'une est variable et l'autre constante, et dont la différence A—B peut devenir moindre que toute quantité donnée, et soit C une constante d'abord comprise entre A et B. Je dis que C ne peut pas être toujours comprise entre A et B.

En effet, et d'abord soit A la constante et B la variable, et supposons que l'on ait A=C+D. Puisque la différence A—B ou (C+D)—B peut devenir moindre que toute quantité donnée, il s'en suit que la quantité B peut approcher de C+D d'aussi près qu'on voudra; donc B peut acquérir une valeur comprise entre C+D et C, c'est-à-dire une valeur moindre que C+D ou moindre que A, mais plus grande que C, et alors la quantité C, moindre que A, sera aussi moindre que B; donc elle ne sera plus comprise entre A et B.

Soit en second lieu B la constante et A la variable, et soit C=B+D.

Puisque A—B peut devenir moindre que toute quantité donnée, il s'en suit que la quantité A peut approcher de B, de manière à ne surpasser B que d'une quantité moindre que D, et alors cette quantité A sera devenue moindre que B+D ou moindre que C; donc pareillement, dans ce 2° cas, la quantité C ne sera plus comprise entre A et B. Donc, etc.

PROPOSITION VI.

Il ne peut y avoir qu'une seule constante qui soit toujours comprise entre deux variables, dont l'une augmente et l'autre diminue, et dont la différence peut devenir moindre que toute quantité donnée.

Soit les deux variables A et B, dont la première va en diminuant et l'autre en augmentant, et dont la différence A—B peut devenir moindre que toute quantité donnée, et soit C, une constante toujours comprise entre A et B. Je dis qu'il ne peut point exister une deuxième constante ayant la même propriété.

En effet, puisque la différence A—B peut devenir moindre que toute quantité donnée, et que la constante C est toujours comprise entre A et B, il s'en suit qu'à plus forte raison chacune des différences A—C, C—B pourra aussi devenir moindre que toute quantité donnée; mais dans chacune de ces deux dernières différences, l'une des quantités est une variable et l'autre une constante; donc par le théorème précédent, il ne peut point y avoir de constante toujours comprise ni entre A et C ni entre C et B; donc il ne peut point non plus y avoir une deuxième constante toujours comprise entre A et B. Donc, etc.

PROPOSITION VII.

Si la différence entre une constante et une variable peut devenir moindre que toute quantité donnée, et qu'il en soit de même de la différence entre une autre constante et une autre variable, la différence entre le produit des deux constantes et celui des deux variables pourra aussi devenir moindre que toute quantité donnée.

Soit C et C' deux constantes; V et V' deux variables, et supposons que chacune des différences C—V, C'—V' puisse devenir moindre que toute quantité donnée. Je dis que la différence $C \times C' - V \times V'$ pourra aussi devenir moindre que toute quantité donnée.

D'abord on a $C \times C' - V \times V' = (C'-V') \times C + (C-V) \times V'$.

En effet, $(C'-V') \times C = C \times C' - C \times V'$, $(C-V) \times V' = C \times V' - V \times V'$; donc $(C'-V') \times C + (C-V) \times V' = C \times C' - C \times V' + C \times V' - V \times V' = C \times C' - V \times V'$.

Donc il sera démontré que la différence $C \times C' - V \times V'$ peut devenir moindre que toute quantité donnée, si nous faisons voir que l'expression $(C'-V') \times C + (C-V) \times V'$ peut devenir moindre que toute quantité donnée. Or, je dis qu'il en est ainsi; et d'abord, puisque $C'-V'$ peut devenir moindre que toute quantité donnée, et que C est une constante, le produit $(C'-V') \times C$ pourra aussi devenir moindre que toute quantité donnée. (1 c.)

En second lieu, si V' était égal à la constante C', le second produit $(C-V) \times V'$ pourrait aussi devenir moindre que toute quantité donnée; donc, à plus forte raison ce second produit pourra-t-il devenir moindre que toute quantité donnée, puisque V' est toujours moindre que C'; donc ce second produit pourra aussi devenir moindre que toute quantité donnée; donc la somme de ces deux produits, ou la quantité $(C'-V') \times C + (C-V) \times V'$, pourra aussi devenir moindre que toute quantité donnée. (1) Donc, etc.

Corollaire. À plus forte raison la différence $C \times C' - V \times V'$ deviendra moindre que toute quantité donnée, si les quantités C et C', au lieu d'être des constantes, sont des variables qui diminuent lorsque V et V' augmentent; car alors la quantité $(C'-V') \times C + (C-V) \times V'$ deviendra, à plus forte raison, moindre que toute quantité donnée.

PROPOSITION VIII.

Si un rapport est plus petit qu'un autre rapport, il suffira pour rendre le premier rapport égal au second, d'augmenter son antécédent d'une certaine quantité; et si, au contraire, il est plus grand, il suffira pour le rendre égal au second, d'augmenter son conséquent d'une certaine quantité.

1° Soit le rapport $\frac{a}{c}$ plus petit que $\frac{c}{d}$. Puisque $\frac{a}{c}$ est plus petit que $\frac{c}{d}$, il s'en suit que $\frac{c}{a}$ surpasse $\frac{c}{b}$ d'une certaine quantité D; donc si on augmente $\frac{c}{b}$ de cette quantité, ces deux rapports seront égaux et on aura $\frac{c}{b} = \frac{a}{d} + D = \frac{a+bD}{b}$; donc pour rendre le rapport $\frac{a}{b}$ égal à $\frac{c}{d}$, il suffit d'augmenter son antécédent a de la quantité bD. Donc, etc.

2° Soit le rapport $\dfrac{a}{b}$ plus grand que $\dfrac{c}{d}$. De l'inégalité $\dfrac{a}{b} > \dfrac{c}{d}$ résulte celle-ci : $\dfrac{b}{a} < \dfrac{d}{c}$; or, le rapport $\dfrac{b}{a}$ étant plus petit que $\dfrac{d}{c}$, on peut le rendre égal à ce dernier rapport en augmentant son antécédent d'une certaine quantité D ; donc on a $\dfrac{b+D}{a} = \dfrac{d}{c}$; d'où on déduit $\dfrac{a}{b+D} = \dfrac{c}{d}$; donc pour rendre le rapport $\dfrac{a}{b}$ égal à $\dfrac{c}{d}$, il suffit d'augmenter son conséquent de la quantité D. Donc, etc.

Corollaire. Si un rapport ne peut être rendu égal à un autre rapport en ajoutant à son antécédent une certaine quantité, on doit conclure alors que ce premier rapport n'est pas moindre que le second ; car s'il était moindre que le second, on pourrait le rendre égal à ce second rapport, en ajoutant à son antécédent une certaine quantité, ce qui est contre la supposition. Pareillement, si un rapport ne peut être rendu égal à un autre rapport, en ajoutant à son conséquent une certaine quantité, on doit conclure que ce premier rapport n'est pas plus grand que le second.

DÉFINITIONS.

Une ligne brisée ou polygonale est une ligne composée de plusieurs lignes droites, dont chacune a une direction différente de celle qui précède et de celle qui suit. Ainsi la ligne ABCDE est une ligne brisée. *fig. 24.*

Les droites AB, BC, CD qui composent la ligne brisée sont les côtés de cette ligne.

Une ligne polygonale est dite inscrite dans une circonférence, lorsque tous ses côtés sont des cordes de cette circonférence, et elle est dite circonscrite à une circonférence, lorsque tous ses côtés sont tangents à cette circonférence.

Une ligne polygonale est dite régulière, lorsque tous ses côtés sont égaux et qu'elle est inscriptible au cercle.

Ainsi, si les cordes AB, BC sont égales, la ligne brisée *fig. 25.* ABC sera une ligne brisée régulière.

Une ligne brisée est dite inscrite à un arc de secteur, lorsque ses côtés sont des cordes de ce secteur et qu'elle a les mêmes extrémités que l'arc de ce secteur; elle est dite circonscrite à ce même arc, lorsque ses côtés sont tangents à cet arc et que ses extrémités aboutissent aux deux côtés fig. 25. de ce secteur prolongés. Ainsi la ligne brisée ABC est une ligne inscrite à l'arc du secteur AOC, et la ligne brisée DEF est une ligne circonscrite à ce même arc.

On appelle secteur polygonal la surface comprise entre les deux côtés d'un secteur circulaire et la ligne brisée régu-fig. 25. lière inscrite dans l'arc de ce secteur. Ainsi la surface comprise entre les deux côtés AO, OC du secteur circulaire AOC et la ligne brisée ABC, inscrite dans l'arc de ce secteur, est un secteur polygonal.

PROPOSITION IX.

Si on divise l'arc d'un secteur en un certain nombre de parties égales, et qu'on joigne les extrémités des arcs partiels par des cordes : 1° la ligne brisée inscrite formée par ces cordes sera une ligne brisée régulière; 2° et si, par les milieux de ces arcs partiels, on mène des tangentes, la ligne brisée circonscrite, formée par ces tangentes, sera aussi une ligne brisée régulière.

fig. 26. Soit l'arc ABCDE du secteur AOE divisé en parties égales aux points B,C,D. Tirons les cordes AB, BC, CD, DE. Puisque les arcs AB, BC, etc., sont égaux, les cordes AB, BC, etc., sont aussi égales; donc la ligne inscrite ABCDE est une ligne brisée régulière.

2° Soit la ligne brisée FGHKL formée par les tangentes FG, GH, etc., menées par les points M,N,P,Q, milieux de ces arcs partiels; tirons les rayons OM, ON et joignons OG. Dans les triangles rectangles MOG, NOG on a l'hypoténuse OG commune et OM=ON; donc ces triangles sont égaux; donc l'angle MOG=GON; donc la droite OG est la bissectrice de l'angle MON; donc elle passe par le point B, milieu de l'arc MN; donc le point G est sur le prolongement de OB.

De plus, à cause de AB parallèle à FG, on a $\dfrac{OA}{OF} = \dfrac{OB}{OG}$; mais OB=OA; donc OG=OF. On prouverait de la même manière que le point H est sur le prolongement de OC et que OH= OG, et ainsi de suite. Donc si du point O, et d'un rayon égal à OF, on décrit un arc de cercle, cet arc passera par les points F, G, H, K, L; donc la ligne polygonale FGHKL sera inscrite dans l'arc du secteur circulaire FOL. En outre, à cause des angles égaux AOB, BOC, COD, etc., les arcs FG, GH, HK seront aussi égaux; donc les côtés FG, GH, HK, etc., sont égaux; donc la ligne polygonale FGHKL est aussi une ligne brisée régulière.

PROPOSITION X.

Si dans deux polygones réguliers et d'un même nombre de côtés, dont l'un est inscrit et l'autre circonscrit à la même circonférence, on double indéfiniment le nombre des côtés, la différence entre les apothèmes de ces polygones deviendra moindre que toute quantité donnée; il en sera de même de la différence de leurs périmètres, ainsi que de la différence de leurs rayons.

Soit les deux polygones réguliers et d'un même nombre   fig. 27, de côtés ABC, DEF, dont l'un est circonscrit et l'autre inscrit à la même circonférence. Désignons par P et P' les périmètres de ces polygones; par R et r leurs apothèmes OG, OH, ou OD, OH, et par R' le rayon OA du polygone P, ou le rayon du cercle circonscrit au polygone P. Je dis que si on double indéfiniment le nombre des côtés de ces polygones les différences R—r, P—P', R'—R deviendront moindres que toute quantité donnée.

1° Dans le triangle ODH, on a OD—OH $<$ DH, ou R—r $<$ DH; donc on a, à plus forte raison, R—r $<$ arc DG; mais l'arc DG deviendra moindre que toute quantité donnée on doublant indéfiniment le nombre des côtés de ces polygones; donc, à plus forte raison, R—r deviendra aussi moindre que toute quantité donnée; donc la différence entre

— 40 —

les apothèmes de ces polygones deviendra moindre que toute quantité donnée.

2° Les polygones P et P' étant semblables, on a $\dfrac{p}{R'} = \dfrac{R}{R'}$ = ; d'où on déduit $\dfrac{p-p'}{R} = \dfrac{R-r}{p} = \dfrac{R'-R}{R}$ = $\dfrac{p'}{R'}$; donc P—P' = $\dfrac{(R-r) \bowtie p}{R}$ et R' — R = $\dfrac{(R-r) \bowtie R'}{R}$. Or les quantités P et R' iront en diminuant, en doublant indéfiniment le nombre des côtés de ces polygones, et la différence R—r deviendra moindre que toute quantité donnée. Donc les produits (R—r) $\bowtie$ P et (R—r) $\bowtie$ R' deviendront aussi moindres que toute quantité donnée (4); par suite les quotients de ces produits par la constante R, ou les quantités $\dfrac{(R-r) \bowtie P}{R}$ et $\dfrac{(R-r) \bowtie R'}{R}$ deviendront aussi moindres que toute quantité donnée (4. c. 2); donc les différences P—P' et R'—R deviendront moindres que toute quantité donnée.

PROPOSITION XI.

Si dans deux polygones réguliers et d'un même nombre de côtés, dont l'un est circonscrit et l'autre inscrit à la même circonférence, on double indéfiniment le nombre des côtés, la différence entre les surfaces de ces polygones deviendra moindre que toute quantité donnée.

Soit P et P' les périmètres de deux polygones réguliers d'un même nombre de côtés, dont l'un est circonscrit et l'autre inscrit à la même circonférence; soit R le rayon de cette circonférence et r l'apothème de P'. Je dis que si on double indéfiniment le nombre des côtés de ces polygones, la différence P $\bowtie \dfrac{1}{2}$ R—P' $\bowtie \dfrac{1}{2}$ r entre leurs surfaces deviendra moindre que toute quantité donnée. En effet, les différences P—P', R—r deviendront moindres que toute quantité donnée (10); donc la différence P $\bowtie$ R—P' $\bowtie$ r deviendra aussi moindre que toute quantité donnée (7); par suite,

$\frac{1}{2}P - R - \frac{1}{2}P' - r$, moitié de cette différence, deviendra aussi moindre que toute quantité donnée (2).

Corollaire. On prouverait de la même manière que si dans deux lignes polygonales régulières et d'un même nombre de côtés, dont l'une est circonscrite et l'autre inscrite à un même arc de secteur, on double indéfiniment le nombre des côtés, la différence entre les deux secteurs polygonaux correspondant à ces deux lignes deviendra moindre que toute quantité donnée.

PROPOSITION XII.

Les circonférences des cercles sont entre elles comme leurs rayons, et leurs surfaces sont comme les carrés de ces mêmes rayons.

Soit C et c deux circonférences, R et r leurs rayons. Pour démontrer que $\frac{C}{c} = \frac{R}{r}$, il suffit de démontrer que $\frac{C}{R} = \frac{c}{r}$; car de là nous déduirons la première égalité. Je dis donc que $\frac{C}{R} = \frac{c}{r}$. En effet, ajoutons à l'antécédent C une longueur d aussi petite qu'on voudra ; circonscrivons ensuite à C un polygone régulier, dont le périmètre P ne surpasse cette circonférence que d'une quantité moindre que d (a) ; circonscrivons aussi à c un polygone semblable. Soit P' le périmètre de ce dernier polygone. On a $\frac{P}{R} = \frac{P'}{r}$; mais, à cause de P' $\succ c$, on a $\frac{P'}{r} \succ \frac{c}{r}$; donc aussi $\frac{P}{R} \succ \frac{c}{r}$; mais $\frac{C+d}{R} \succ \frac{P}{R}$; donc, à plus forte raison, $\frac{C+d}{R} \succ \frac{c}{r}$; donc en aug-

(a) Il suffit pour cela que le périmètre P ne surpasse le périmètre du polygone semblable inscrit à la même circonférence que d'une quantité moindre que d ; car alors, à plus forte raison, le périmètre P ne surpassera C que d'une quantité moindre que d.

mentant C d'une quantité d aussi petite que l'on veut, le premier rapport est plus grand que le second ; donc ce premier rapport n'est pas moindre que le second (8). On prouverait de la même manière que le second rapport n'est pas moindre que le premier ; donc ces deux rapports n'étant pas moindres l'un que l'autre sont égaux entre eux (b) ; donc un $\dfrac{C}{c} = \dfrac{R}{r}$.

On démontrerait d'une manière semblable que les surfaces des cercles sont comme les carrés de ces mêmes rayons.

Scholie. De l'égalité $\dfrac{C}{R} = \dfrac{c}{r}$ on déduit $\dfrac{C}{2R} = \dfrac{c}{2r}$. Donc le rapport d'une circonférence à son diamètre est le même que celui de toute autre circonférence à son diamètre. Ce rapport, que l'on désigne ordinairement par π, est incommensurable, et ne peut être calculé qu'approximativement. Sa valeur en décimales est $\pi = 3,14159265358979323$, etc.

Scholie 2. Si la différence $R - r$ de deux rayons peut devenir moindre que toute quantité donnée, la différence $C - c$

(b) Par le même mode de démonstration, on prouvera de la manière la plus simple que deux rapports qui sont reconnus égaux dans le cas où les quantités que l'on compare sont incommensurables, le sont encore dans le cas où ces mêmes quantités sont incommensurables. Fesons-en une application aux angles fig. 28. au centre ACB, ACD.

1er cas. Les arcs AB, AD ont une commune mesure. Dans ce cas on démontre d'une manière directe que l'on a $\dfrac{ACB}{ACD} = \dfrac{AB}{AD}$; d'où on déduit : $\dfrac{ACB}{AB} = \dfrac{ACD}{AD}$.

2e cas. Les arcs AB, AD n'ont point de commune mesure. Pour démontrer que l'on a encore $\dfrac{ACB}{ACD} = \dfrac{AB}{AD}$, il suffit de démontrer que $\dfrac{ACB}{AB} = \dfrac{ACD}{AD}$; car de là nous déduirons la première égalité. Je dis donc que l'on a $\dfrac{ACB}{AB} = \dfrac{ACD}{AD}$. Prolongeons AB d'une quantité BF aussi petite qu'on voudra ; divisons ensuite AD en parties égales, mais toutes plus petites que BF, et portons l'une de ces parties de A en F sur AF, autant de fois

des circonférences de ces rayons pourra aussi devenir moindre que toute quantité donnée. Car on a $C - c = 2\pi R - 2\pi r = 2\pi$ $(R - r)$; or, si $R - r$ peut devenir moindre que toute quantité donnée, 2π $(R - r)$ pourra aussi devenir moindre que toute quantité donnée (3).

PROPOSITION XIII.

L'aire du cercle est égale à sa circonférence multipliée par la moitié du rayon.

Soit C une circonférence, R son rayon. Soit P et P' les périmètres de deux polygones réguliers d'un même nombre de côtés, dont l'un est circonscrit et l'autre inscrit à cette circonférence, et soit r l'apothème de P'. Si on double indéfiniment le nombre des côtés des polygones P et P', le cercle sera une quantité constante toujours comprise entre les surfaces de ces polygones; donc le nombre qui exprime l'aire du cercle doit être un nombre toujours compris entre les deux nombres qui expriment les surfaces de ces deux polygones; or, le produit de la circonférence par la moitié

qu'elle pourra y être contenue. Soit G, le dernier point de division. Joignons CG. Puisque chacune des parties dans lesquelles AD a été divisé est moindre que BF, le point G est situé entre B et F. Cela posé, les arcs AG, AD ayant une commune mesure, on a $\dfrac{ACG}{AG} = \dfrac{ACD}{AD}$; or, à cause de $ACB < ACG$, on a $\dfrac{ACB}{AG} < \dfrac{ACG}{AG}$, ou $< \dfrac{ACD}{AD}$; mais $\dfrac{ACB}{AF} < \dfrac{ACB}{AG}$; donc, à plus forte raison, $\dfrac{ACB}{AF} < \dfrac{ACD}{AD}$. Donc, en augmentant le dénominateur du premier rapport d'une quantité aussi petite que l'on veut, ce rapport est alors plus petit que le second; donc ce premier rapport n'est pas plus grand que le second (8). On prouverait de la même manière que le second rapport n'est pas plus grand que le premier; donc ces deux rapports n'étant pas plus grands l'un que l'autre sont égaux, et l'on a $\dfrac{ACB}{AB} = \dfrac{ACD}{AD}$.

du rayon est aussi un nombre toujours compris entre ces deux mêmes nombres; car on a toujours $C < P$, et on a aussi toujours tout à la fois $C > P'$ et $R > r$; donc on a aussi toujours $C \bowtie R < P \bowtie R$, mais $> P' \bowtie r$ et, par suite, $C \bowtie \frac{1}{2} R < P \bowtie \frac{1}{2} R$, mais $> P' \bowtie \frac{1}{2} r$. D'ailleurs les surfaces de ces deux polygones sont deux quantités variables dont la différence peut devenir moindre que toute quantité donnée (11); donc les nombres qui expriment ces surfaces sont aussi deux quantités variables dont la différence peut devenir moindre que toute quantité donnée; donc il ne peut y avoir qu'un seul nombre constant, qui soit toujours compris entre ces deux nombres (6); donc le nombre qui exprime l'aire du cercle et celui exprimé par le produit $C \bowtie \frac{1}{2} R$ sont deux nombres égaux; donc l'aire du cercle est égale à sa circonférence multipliée par la moitié du rayon.

PROPOSITION XIV.

La surface latérale du cylindre est égale à la circonférence de sa base multipliée par sa hauteur, et son volume est égal à la surface du cercle de sa base multipliée aussi par sa hauteur.

Soit H la hauteur d'un cylindre, C la circonférence de sa base et R le rayon de C. Soit P et P' les périmètres des bases de deux polygones réguliers d'un même nombre de faces, dont l'un est circonscrit et l'autre inscrit à ce cylindre, et soit r l'apothème de P'. Imaginons qu'on double indéfiniment le nombre des côtés des polygones P et P'.

Je dis d'abord que la différence $P \bowtie H - P' \bowtie H = (P - P') \bowtie H$ entre les surfaces latérales de ces deux prismes deviendra moindre que toute quantité donnée, et qu'il en sera de même de la différence $P \bowtie \frac{1}{2} R \bowtie H - P' \bowtie \frac{1}{2} r \bowtie H = (P \bowtie \frac{1}{2} R - P' \bowtie \frac{1}{2} r) \bowtie H$ entre les volumes de ces mêmes prismes.

En effet, la différence P—P' des périmètres des bases deviendra moindre que toute quantité donnée (10) ; pareillement la différence $P \bowtie \frac{1}{2} R - P' \bowtie \frac{1}{2} r$ des surfaces de ces bases deviendra moindre que toute quantité donnée (11) ; donc les produits $(P - P') \bowtie H$ et $(P \bowtie \frac{1}{2} R - P' \bowtie \frac{1}{2} r) \bowtie H$ deviendront aussi moindres que toute quantité donnée (3).

Je dis maintenant que la surface latérale du cylindre est égale à la circonférence de sa base multipliée par sa hauteur, et son volume à la surface du cercle de sa base multipliée aussi par sa hauteur.

En effet, la surface latérale du cylindre est une quantité constante toujours comprise entre les surfaces latérales du prisme inscrit et du prisme circonscrit ; donc le nombre qui exprime cette surface doit être un nombre toujours compris entre les deux nombres qui expriment les surfaces latérales de ces deux prismes ; or, le produit de la circonférence de la base du cylindre par sa hauteur est aussi un nombre toujours compris entre ces deux mêmes nombres ; car on a toujours $C < P$, mais $> P'$; donc on a aussi toujours $C \bowtie H < P \bowtie H$, mais $> P' \bowtie H$; d'ailleurs les surfaces latérales de ces deux prismes sont deux quantités variables dont la différence peut devenir moindre que toute quantité donnée ; dont les nombres qui expriment ces surfaces sont aussi deux quantités variables dont la différence peut devenir moindre que toute quantité donnée ; donc il ne peut y avoir qu'un seul nombre constant qui soit toujours compris entre ces deux nombres ; donc le nombre qui exprime la surface latérale du cylindre et celui exprimé par le produit $C \bowtie H$ sont deux nombres égaux ; donc la surface latérale du cylindre est égale à la circonférence de sa base multipliée par sa hauteur.

On démontrerait de la même manière que le volume du cylindre est égal à la surface du cercle de sa base multipliée par sa hauteur.

PROPOSITION XV.

La différence entre les apothèmes de deux polygones réguliers d'un même nombre de côtés, et dont l'un est circonscrit et l'autre inscrit à une même circonférence, est toujours moindre que la différence des périmètres de ces deux polygones.

Soit P et P' les périmètres de deux polygones réguliers d'un même nombre de côtés, dont l'un est circonscrit et l'autre inscrit à la même circonférence, et soit R et r les apothèmes de ces deux polygones. Je dis que l'on a R—r $\lessdot$ P—P'. En effet, puisque ces polygones ont un même nombre de côtés, ils sont semblables et on a $\dfrac{R}{r} = \dfrac{P}{P'}$, d'où résulte $\dfrac{R-r}{r} = \dfrac{P-P'}{P'}$; mais $r \lessdot P'$; donc aussi R—r $\lessdot$ P—P'.

PROPOSITION XVI.

La différence entre les apothèmes de deux pyramides régulières et d'un même nombre de faces, dont l'une est circonscrite et l'autre inscrite à un même cône, est moindre que la différence entre les périmètres des bases de ces mêmes pyramides (c).

Soit AB l'apothème d'une pyramide régulière circonscrite à un cône dont AC est la hauteur et BC le rayon de la base. Soit AD l'apothème d'une autre pyramide régulière d'un même nombre de faces, inscrite dans ce même cône. Désignons par P et P' les périmètres des bases de ces pyramides. Je dis que l'on a AB—AD $\lessdot$ P—P'.

Du point A, et d'un rayon égal à AD, décrivons l'arc DE et au point E menons la tangente EF prolongée jusqu'à la rencontre de BD en F. Dans le triangle rectangle BEF on a

fig. 29.

(c) L'apothème d'une pyramide régulière est la droite qui joint le sommet de cette pyramide au milieu d'un des côtés de la base.

BE $\prec$ BF et, à plus forte raison, BE $\prec$ BD; mais BE$=$AB
—AE$=$AB—AD et BD$=$BC—DC; donc on a AB—AD $\prec$ BC
DC; mais BC—DC $\prec$ P—P' (15); donc, à plus forte raison,
AB—AD $\prec$ P—P'.

Corollaire. Puisque la différence P—P' peut devenir
moindre que toute quantité donnée, en doublant indéfiniment le nombre des côtés des polygones P et P', il s'en suit
qu'à plus forte raison la différence AB—AD peut aussi devenir moindre que toute quantité donnée.

PROPOSITION XVII.

La surface latérale du cône est égale à la circonférence de
sa base multipliée par la moitié de son côté, et son volume
est égal à sa base multipliée par le tiers de sa hauteur.

Soit un cône dont la hauteur est H, le rayon de la base, R
et la circonférence de cette base, C. Soit P et P', A et A' les
périmètres des bases et les apothèmes de deux pyramides
régulières d'un même nombre de faces, et dont l'une est
circonscrite et l'autre inscrite à ce cône, et soit r l'apothème
de P'.

Imaginons qu'on double indéfiniment le nombre des côtés
des polygones P et P'.

Je dis d'abord que la différence $P \bowtie \frac{1}{2} A - P' \bowtie \frac{1}{2} A' = \frac{1}{2}$
$(P \bowtie A - P' \bowtie A')$ entre les surfaces latérales de ces pyramides
deviendra moindre que toute quantité donnée, et qu'il en
sera de même de la différence $P \bowtie \frac{1}{2} R \bowtie \frac{1}{3} H - P' \bowtie \frac{1}{2} r \bowtie \frac{1}{3}$
$H = (P \bowtie \frac{1}{2} R - P' \bowtie \frac{1}{2} r) \bowtie \frac{1}{3} H$ entre les volumes de ces
mêmes pyramides.

En effet : 1° Les différences P—P' et A—A' deviendront
moindres que toute quantité donnée (10 et 16); donc la différence $P \bowtie A - P' \bowtie A'$ deviendra aussi moindre que toute
quantité donnée (7); par suite $\frac{1}{2} (P \bowtie A - P' \bowtie A')$, moitié
de cette différence deviendra aussi moindre que toute quan-

lité donnée ; 2° la différence $P \times \frac{1}{2} R - P' \times \frac{1}{2} r$, qui n'est autre chose que la différence des bases de ces pyramides, deviendra moindre que toute quantité donnée (11); donc le produit $(P \times \frac{1}{2} R - P' \times \frac{1}{2} r) \times \frac{1}{3} H$ deviendra aussi moindre que toute quantité donnée (3).

Je dis maintenant que la surface latérale du cône est égale à la circonférence de sa base multipliée par la moitié de son côté, et que son volume est égal à la surface de sa base multipliée par le tiers de sa hauteur.

En effet, la surface latérale du cône est une quantité constante toujours comprise entre les surfaces latérales de la pyramide circonscrite et de la pyramide inscrite; donc le nombre qui exprime cette surface doit être un nombre toujours compris entre les deux nombres exprimant les surfaces latérales de ces deux pyramides; or, le produit de la circonférence de la base du cône par la moitié de son côté est aussi un nombre toujours compris entre ces deux mêmes nombres; car on a toujours $C < P$, et on a aussi toujours tout à la fois $C > P'$ et $A > A'$; d'où résulte qu'on a aussi toujours $C \times \frac{1}{2} A < P \times \frac{1}{2} A$; mais $> P' \times \frac{1}{2} A'$.

D'ailleurs les surfaces latérales de ces deux pyramides sont deux quantités variables, dont la différence peut devenir moindre que toute quantité donnée; donc les nombres qui les expriment sont aussi deux quantités variables dont la différence peut devenir moindre que toute quantité donnée; donc il ne peut y avoir entre ces deux nombres qu'un seul nombre constant; donc le nombre qui exprime la surface latérale du cône et celui exprimé par le produit de la circonférence de la base du cône par la moitié de son côté sont deux nombres égaux. Donc, etc.

2° Le volume du cône est aussi toujours compris entre les volumes de la pyramide circonscrite et de la pyramide inscrite; donc le nombre qui exprime ce volume doit être un nombre toujours compris entre les deux nombres exprimant les volumes de ces deux pyramides; or, le produit de la surface de la base du cône par le tiers de sa hauteur est aussi un nombre toujours compris entre ces deux mêmes nombres ; car on a toujours $C \times \frac{1}{2}R < P \times \frac{1}{2}R$; mais $> P'$ $\times \frac{1}{2}r$ et, par suite, $C \times \frac{1}{2}R \times \frac{1}{3}H < P \times \frac{1}{2}R \times \frac{1}{3}H$, mais $> P' \times \frac{1}{2}r \times \frac{1}{3}H$; d'ailleurs, etc. Donc le nombre qui exprime le volume du cône et celui exprimé par la surface de la base du cône, multipliée par sa hauteur, sont deux nombres égaux. Donc, etc.

PROPOSITION XVIII.

La surface de la sphère est égale à son diamètre, multiplié par la circonférence de son grand cercle, et son volume est égal à sa surface, multipliée par le tiers du rayon.

Soit une sphère dont CFD est un demi-grand cercle. Circonscrivons à l'arc CFD une ligne polygonale régulière et inscrivons-lui une ligne polygonale semblable ; ces deux lignes polygonales seront deux demi-polygones réguliers, puisque l'arc CFD est une demi-circonférence. Désignons le rayon OD par R, celui OB du demi-polygone circonscrit par R', et l'apothème OG du demi-polygone inscrit par r. Imaginons qu'on double indéfiniment le nombre des côtés de ces deux demi-polygones, et qu'en même temps la figure tourne autour de AB ; le demi-cercle, dans ce mouvement de rotation, décrira la sphère, et les deux demi-polygones décriront deux solides dont les surfaces auront respectivement pour mesure $2R' \times$ circ. R et $2R \times$ circ. r, et les volumes auront respectivement pour mesure $2R' \times$ circ. R $\times \frac{1}{3}R$ et $2R \times$ circ. $r \times \frac{1}{3}r$. Cela posé, je dis d'abord que la différence $2R' \times$ circ. R $- 2R \times$ circ. r entre ces deux surfaces deviendra moindre que toute quantité donnée, et qu'il en sera de même de la différence $2R' \times$ circ. R $\times \frac{1}{3}R - 2R \times$ circ. $r \times \frac{1}{3}r$ en ces deux volumes.

fig. 30.

3

En effet, la différence R'—R deviendra moindre que
toute quantité donnée (10); il en sera de même de la différence R—r, et, par suite, (12 sc. 2) de la différence circ.
R— circ. r; donc les différences R'⋈ circ. R—R⋈ circ. r
et R'⋈ circ. R⋈R—R⋈ circ. r⋈r deviendront aussi moindres que toute quantité donnée (7); par suite, les différences 2R'⋈ circ. R—2R⋈ circ. r et 2R'⋈ circ. R⋈ —R
—2R⋈ circ. r⋈ —r deviendront aussi moindres que toute
quantité donnée.

Je dis maintenant que la surface de la sphère est égale à
son diamètre multiplié par la circonférence de son grand
cercle, et que son volume est égal à sa surface multipliée par
le tiers du rayon. En effet, la surface de la sphère est une
quantité toujours comprise entre les surfaces décrites par les
deux demi-polygones; donc le nombre qui exprime la surface de la sphère doit être un nombre toujours compris
entre les deux nombres qui expriment ces deux surfaces;
or, le produit du diamètre par la circonférence de son
grand cercle est aussi un nombre toujours compris entre
ces deux mêmes nombres; car on a toujours 2R⋈ 2R',et
circ. R ⋗ circ. r, et par suite 2R⋈ circ. R ⋖ 2R'⋈ circ.
R et 2R⋈ circ. R ⋗ 2R⋈ circ. r; d'ailleurs ces deux surfaces étant deux quantités variables dont la différence peut
devenir moindre que toute quantité donnée, les nombres
qui les expriment sont dans le même cas; donc il ne peut
y avoir entre eux qu'un seul nombre constant; donc le
nombre qui exprime la surface de la sphère et celui exprimé
par le produit 2R⋈ circ. R sont deux nombres égaux.
Donc, etc.

On démontrerait de la même manière que le volume de la
sphère est égal à sa surface multipliée par le tiers du rayon.

PROPOSITION XIX.

La surface d'une zône est égale à la hauteur de cette zône
multipliée par la circonférence d'un grand cercle; le volume

d'un secteur sphérique est égal à la zône qui lui sert de base, multipliée par le tiers du rayon.

fig. 31.

Considérons d'abord une zône à une seule base et moindre qu'une demi-sphère. Ainsi soit la zône décrite par l'arc DEF dans le mouvement de rotation du demi-cercle KLDEF autour de son diamètre. Je dis que la surface de cette zône est égale à NF × circ. OF, et que le volume du secteur sphérique correspondant à cette zône est égal à NF × circ. OF × $\frac{1}{3}$ —OF. Circonscrivons à l'arc DEF une ligne polygonale régulière et inscrivons dans le même arc une autre ligne polygonale régulière et d'un même nombre de côtés. Soit OG l'apothème de cette dernière ligne et soit AO ou OC le rayon de la ligne polygonale circonscrite. Des points A et D abaissons les perpendiculaires AM, DN. Les surfaces décrites par les deux lignes polygonales, dans le mouvement de rotation de la figure autour de KC, auront respectivement pour mesure NF × circ. OG et MC × circ. OF, et les volumes décrits par les deux secteurs polygonaux ODEF, OABC, dans le même mouvement de rotation, auront pour mesure NF × circ. OG × $\frac{1}{3}$ —OG et MC × circ. OF × $\frac{1}{3}$ —OF.

Cela posé, je dis d'abord que si on double indéfiniment le nombre des côtés des deux lignes polygonales, la différence MC × circ. OF—NF × circ. OG des surfaces décrites par ces deux lignes deviendra moindre que toute quantité donnée, et qu'il en sera de même de la différence MC × circ. OF × $\frac{1}{3}$ —OF—NF × circ. OG × $\frac{1}{3}$ —OG des volumes correspondants à ces surfaces. En effet, les différences OF—OG, circ. OF— circ. OG, deviendront moindres que toute quantité donnée (10 12); quant à la différence MC—NF, elle deviendra aussi moindre que toute quantité donnée; car MC —NF= (MF+FC)—(NM+MF) =FC—NM=AD—NM; or, AD, différence des rayons OA, OD, deviendra moindre que toute quantité donnée (10); donc, à plus forte raison en sera-t-il de même de la différence AD—NM; donc la différence MC —NF deviendra aussi moindre que toute quantité donnée;

donc chacune des différences MC $\bowtie$ circ. OF—NF $\bowtie$ circ.
OG et MC $\bowtie$ circ. OF $\bowtie$ $\frac{1}{3}$OF—NF $\bowtie$ circ. OG $\bowtie$ $\frac{1}{3}$OG deviendra aussi moindre que toute quantité donnée (7).

Je dis maintenant que la surface de la zône est égale à NF $\bowtie$ circ. OF, et que le volume du secteur sphérique correspondant à cette zône est égal à NF $\bowtie$ circ. OF $\bowtie$ $\frac{1}{3}$OF.

Mêmes raisonnements que pour la surface et le volume de la sphère.

Considérons maintenant la zône décrite par l'arc KLD et aussi celle décrite par l'arc LD. La première a pour mesure KF $\bowtie$ circ. OF—NF $\bowtie$ circ. OF= (KF—NF) $\bowtie$ circ. OF= KN $\bowtie$ circ. OF, et la deuxième a pour mesure KN $\bowtie$ circ. OF—KP $\bowtie$ circ. OF=PN $\bowtie$ circ. OF.

Le volume sphérique décrit par le secteur circulaire DOK a pour mesure KF $\bowtie$ circ. OF $\bowtie$ $\frac{1}{3}$OF—NF $\bowtie$ circ. OF $\bowtie$ $\frac{1}{3}$OF= (KF—NF) $\bowtie$ circ. OF $\bowtie$ $\frac{1}{3}$OF=KN $\bowtie$ circ. OF $\bowtie$ $\frac{1}{3}$OF. Donc, etc.

PLAN GÉNÉRAL DE L'OUVRAGE.

L'ensemble des démonstrations que je donne aujourd'hui au public est divisé en cinq parties. La première a pour objet la surface plane, qu'on définit ordinairement une surface dans laquelle prenant deux points à volonté et joignant ces deux points par une ligne droite, cette ligne se trouve tout entière dans la surface. Comme cette définition suppose une infinité de conditions, on ne peut y réfléchir sans être porté naturellement à se faire cette question : Une telle surface est-elle dans l'ordre des choses possibles ? ou, en d'autres termes, une telle surface peut-elle exister ? J'ai entrepris de donner la réponse à cette question, et j'espère qu'on y trouvera rigoureusement démontré ce théorème qui est, sans contredit, un des plus importants de la science, puisqu'il est le fondement et la base de toute la géométrie. M. Duhamel a essayé d'en donner une démonstration, mais elle a dû être rejetée comme s'appuyant sur des théorèmes qui supposent l'existence de ce même plan.

La deuxième partie renferme la démonstration du *Postulatum d'Euclide*, théorème célèbre dans la science comme ayant toujours été l'écueil de tous ceux qui ont entrepris de le démontrer. C'est en m'aidant de la proposition 19e du 1er livre de Legendre que je donne cette démonstration. On reconnaîtra que ce grand géomètre était déjà sur la voie, mais qu'il lui a manqué pour atteindre le but, d'apercevoir toutes les ressources que lui offrait son ingénieuse proposition.

Dans la 3e partie je traite d'une manière neuve et qui, je crois, ne laisse rien à désirer, de la relation de deux circonférences suivant la distance plus ou moins grande de leurs centres.

La 4ᵉ partie est une nouvelle démonstration du carré de l'hypothénuse, remarquable par sa simplicité.

On trouvera enfin dans la 5ᵉ partie une démonstration directe et en même temps précise et rigoureuse des principales propriétés du cercle et des trois corps ronds. Ces propriétés sont basées, comme on sait, sur des théorèmes qu'on n'a pu démontrer rigoureusement qu'en suivant la méthode dite par l'absurde, manière de procéder contraire à la saine logique, et qui rend l'étude de ces propriétés longue, rebutante et inaccessible aux commençants.

Le même mode de démonstration dont je me sers pour prouver que les circonférences sont entre elles comme leurs rayons, peut également être employé, comme je l'indique dans une note, pour démontrer que si deux rapports sont égaux lorsque les quantités que l'on compare sont commensurables, ils le sont encore lorsque ces mêmes quantités sont incommensurables. On peut aussi démontrer par le même moyen que deux pyramides triangulaires, ayant des bases équivalentes et des hauteurs égales, sont équivalentes.

Tel est l'exposé du travail que je présente sous le titre de *Supplément à toutes les Géométries*, et que je n'ai hasardé de mettre au jour qu'après de longues et de sérieuses méditations. Je m'estimerai très-heureux d'y avoir sacrifié tant d'années, s'il est favorablement reçu des vrais amateurs de la science.

ERRATA.

pages	lignes	
20	12 et 13	2^d—AC'E—EC'B, *lisez* 2^d—AC'K—KC'B'.
21	20	$\frac{1}{2}$ABC, *lisez* $\frac{1}{2}$ACB.
31	12	que toute quantité donnée, *lisez* que la même quantité donnée d.
31	16 et 17	$\frac{d}{m}$, *lisez* $\frac{d}{M}$.
32	4	*en remontant*, le nombre entier M, *lisez* le nombre entier m.